U0038209

塑造自己想要的髮型

解決煩惱
頭髮養護造型術

講師：野沢道生

INTRODUCTION

講師

野沢道生
（Michio Nozawa）

美髮師，髮廊的代表性人物。擅於針對個人髮質及個性來打造出適合的髮型，此作法大受好評，受到眾多藝人和知名人士支持。目前以其卓越的「頭髮學說」活躍於電視、髮型設計賽、雜誌等。

前言

除了肌膚和妝容，頭髮是決定女性給人印象的重要因素。但是，我經常聽到：「隨著年輕增長，髮量愈來愈少，真不知道該作什麼髮型？」或是「頭髮一毛躁，馬上就變得亂蓬蓬的！」許多人受限於各種頭髮的問題，一直無法如願地打扮自己。

本書的主題是「頭髮的煩惱」，除了針對常見問題提出解決方法，也著重改善髮質狀態，使得打造髮型變得更為容易。

「髮廊作出的髮型十分完美，我自己就沒辦法作出一樣的造型。」相信很多女性都這麼想，但其實這是天大的誤解！其實，只要記住一些小訣竅，就可以自行打造出理想的髮型。為什麼職業美髮師所作的髮型不容易變形呢？這是因為專業人士充分瞭解頭髮的構造，並且憑藉這些知識來打理頭髮。洗、吹、剪及撫摸頭髮，這些動作乍看與打造髮型無關，但專業美髮師正是在這些動作中維護著髮質，進而打造出完美的髮型。

其實專業人士與一般人的差異僅此而已。只要謹守本書所提示的保養竅門，不論原本是毛躁的髮質，還是正困擾於髮量太少，都能打造出適合自己的漂亮髮型。

洗髮和吹乾頭髮是打造髮型的首要步驟。如果你平常總是隨便洗、隨意吹，那麼就先從配合髮質來改變作法吧！配合頭髮的問題，採取簡單的造型技法，便能輕易地讓秀髮充滿光澤，且很好整理。

本書分成八個單元，介紹的技巧真的能讓你「適用一輩子」！擁有這些關於頭髮的實用知識，年輕時能開心享受時髦，年紀漸長、髮力衰退時也還能派上用場。只要瞭解了基礎的護髮原理，任誰都能完美地打理自己的頭髮。請從今天開始就親身實踐吧！

CONTENTS

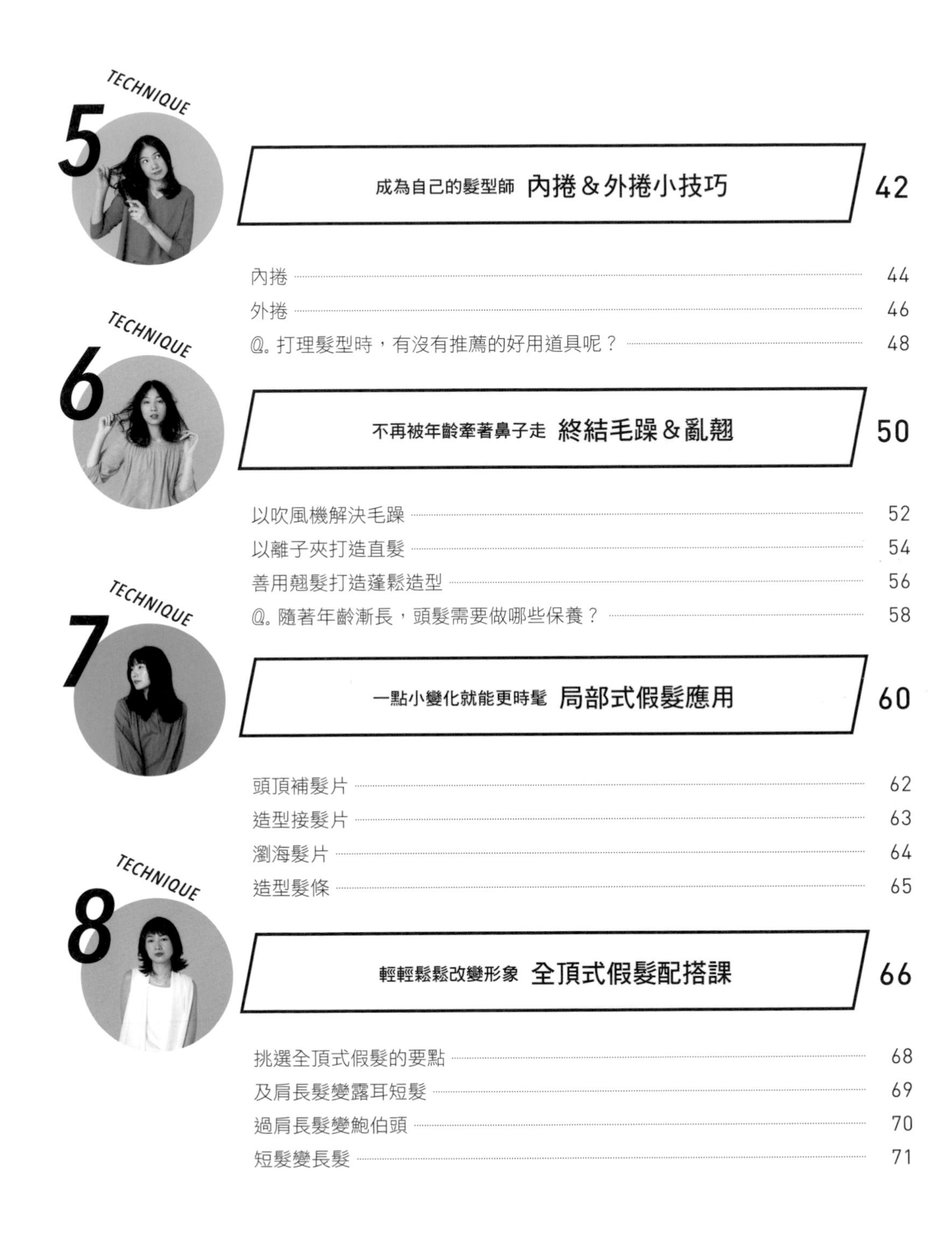
TECHNIQUE
5
TECHNIQUE
6
TECHNIQUE
7
TECHNIQUE
8

☑ 毛毛躁躁

煩惱榜の No.1

在頭髮的打理上，
有各式各樣的煩惱，
根據髮質和年齡有所不同，
因人而異

根據編輯部舉辦的問卷調查，從結果來看，在打理頭髮這件事上，大家平常都各有各的煩惱。以下整理出一部分的調查結果。

Q1 關於頭髮，最煩惱的是什麼問題？

第一名	受損・分岔	29.5%
第二名	翹髮・毛躁	27.9%
第三名	髮量（太多・太少）	24.6%
第四名	髮際線・頭髮分線	16.4%
第五名	其他	1.6%

損傷、翹髮、毛躁等狀況
讓人想直接放棄

約有30%的人最煩惱的是「受損・分岔」，再來是「翹髮・毛躁」。這些都是髮質本身的問題，很多人不懂保養原理，常常直接對打理頭髮死心。其實這些問題只要靠平時的保養和一些小技巧就能解決。

Q2 打造髮型時，最常失敗的原因是什麼？

第一名	頭髮不服貼	25.7%
第二名	頭髮不肯乖乖分邊	15.8%
第三名	不擅長使用工具	14.9%
第四名	頭髮毛躁蓬亂	13.9%
第五名	頭髮扁塌	7.9%

不分年齡和髮質，
最想解決「頭髮不服貼」

在打造髮型時，最多人的心聲是「頭髮不服貼」。除此之外，還有「沒辦法左右對稱」以及「瀏海會旁分」等煩惱。本書介紹的技巧當中，包含了能夠解決這些問題的方法唷！

Q3 平常出門前，花多少時間整理頭髮？

第一名	15分鐘以內	68.6%
第二名	30分鐘以內	27.5%
第三名	1小時以內	3.9%

大多數的人希望15分鐘內完成漂亮髮型

約有70%的人平時出門前，整理頭髮的時間在15分鐘內，這樣的結果並不意外。除了特殊造型，大多數人早上出門前，應該都會想要在10分鐘內就完成髮型。請熟記專業美髮師的技能，你一定做得到！

Q4 打理髮型時，哪個部分最花時間？

第一名	頭頂	30.5%
第二名	側邊	23.7%
第三名	瀏海	16.9%
第四名	髮尾	13.6%
第五名	後腦杓	10.2%

年齡愈大，頭頂的造型愈難作

作造型最花時間的部位是「頭頂」。從這個結果可以看出，很多人知道頭頂的髮量感很重要。對成年人而言，頭髮的韌性、彈力開始下降是最大的煩惱。本書將介紹多種方法來解決這些煩惱。

Q5 最難上手的整理技巧是什麼？

第一名	內捲	17.4%
	降低髮量	17.4%
第三名	瀏海造型	15.1%
第四名	增加髮量	12.8%
第五名	矯正捲毛	10.5%
	外捲	10.5%

想要學會多種技巧，包括內捲和調整髮量等

前五名列舉如左，除此之外還有許多意見。由此可知，大家都想嘗試以各種方式打理自己的頭髮。其實成功與否，關鍵就在於一些小技巧，本書會大方地傳授這些技巧。

頭髮&頭皮

職業美髮師作出來的造型為什麼這漂亮？原因就在於他們瞭解頭髮的構造與性質，且配合頭髮的特性執行有效的養護動作。如果想要讓秀髮保持光澤，希望順利作出造型，你一定要先認識頭髮和頭皮。

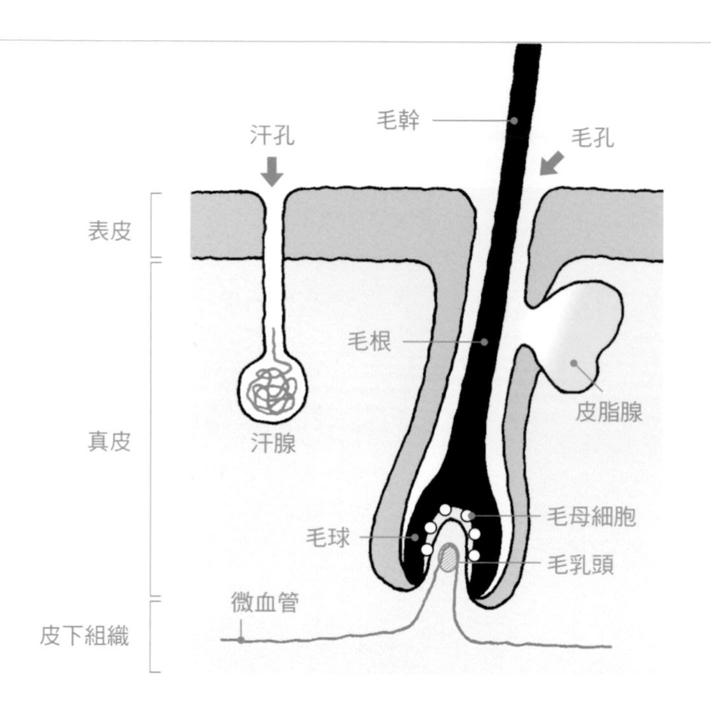

頭皮&毛髮的構造

從毛孔開口顯現在頭皮外的頭髮稱之為「毛幹」，隱藏在頭皮內部的部位則稱之為「毛根」。會生長的細胞位在一個叫做「毛球」的部位，是毛根的最深處，這個部位與毛髮的生長和衰退息息相關。

美麗的秀髮來自於健康的頭皮

頭髮細胞和指甲一樣，都是角質化的皮膚細胞自頭皮生出。會生長的部位就只有毛根深處，而我們看得到的毛髮部位（毛幹）都是死掉的細胞，死去的細胞不論再怎麼保養都有極限，健康的頭皮才是根本。想要擁有一頭豐盈且充滿光澤、有彈性的頭髮，必須重視支撐毛根的頭皮健康。

頭髮和頭皮的構造就如上圖所示，頭髮的根部「毛球」好像一個膨脹的球體，裡面包含了負責長出頭髮的毛母細胞與毛乳頭。頭皮布滿了微血管，提供毛母細胞氧氣與養分。有了這些構造就能產生細胞分裂，讓頭髮生長。毛球同時也含有色素細胞，會製造黑色素並送進頭髮裡，使頭髮變黑。

頭皮是孕育頭髮的重要「土壤」，血液循環良好的健康頭皮才能培育出具有光澤和彈性的黑髮。由於壓力和年齡及欠缺保養等因素，頭皮環境會變得惡劣，一旦毛孔堵塞導致皮膚變硬，阻礙了血液流通，養分就難以送到毛球，頭髮自然無法烏黑亮麗。

頭髮一濕表皮層就會張開，髮質受損也從此開始

一根頭髮的斷面如右圖，可觀察出頭髮包含了三種構造。頭髮的85%至90%由纖維狀的螺旋蛋白質構成，名為皮質層，其周圍由鱗片狀的硬化蛋白質表皮層包覆。請留意表皮層這個構造，頭髮打濕後吸收水分而膨脹，表皮層就會打開。表皮層非常纖細容易受傷，如果頭髮濕了卻不特別保護，就很容易造成頭髮損傷。

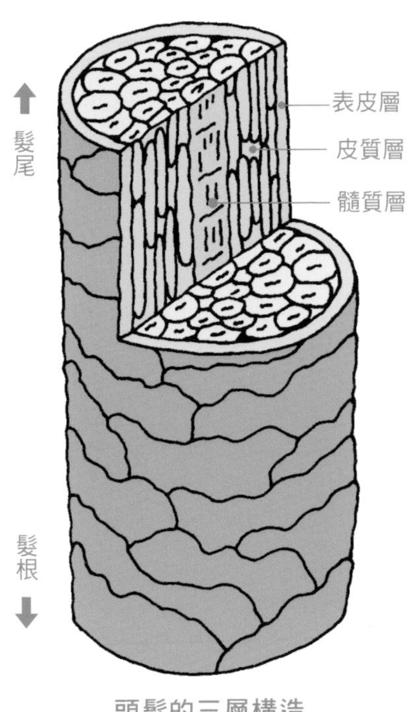

位在頭髮中心的髓質層是柔軟的蛋白質，占據中間部位的皮質層則是纖維狀的蛋白質，最外側的表皮層則是層層堆疊的鱗片狀堅硬蛋白質。

頭髮的三層構造

要注意髮根到髮尾的毛鱗片走向

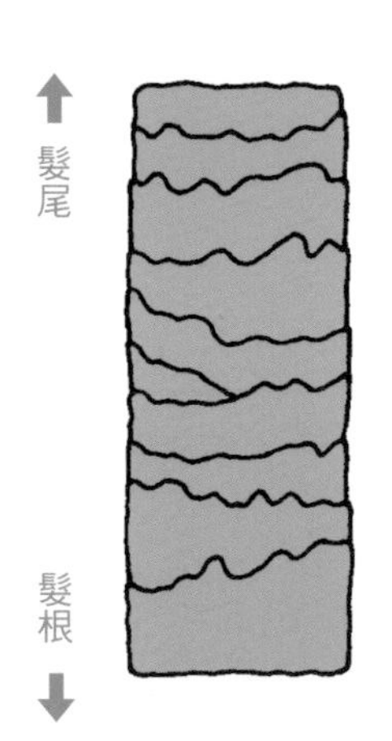

健康的頭髮

表皮層緊密靠攏，外觀沒有受損，看起來充滿光澤。

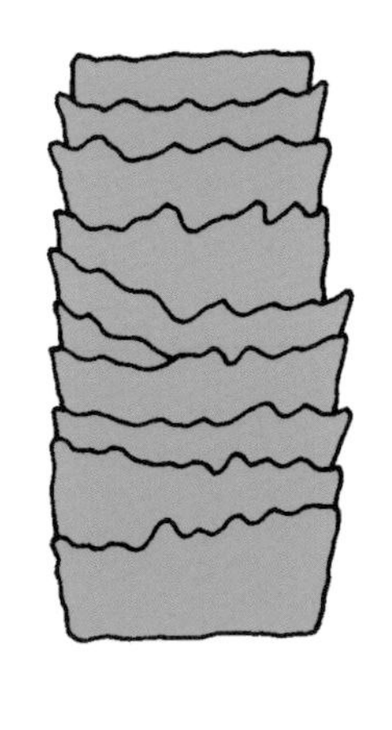

受傷的頭髮

表面敞開，呈現凌亂狀態。內部的成分流失，導致分岔和斷髮。

左邊是健康頭髮和受傷頭髮的表皮層對照圖。受傷的頭髮表皮層表面翹起，如果繼續受損就會導致分岔和斷髮。燙髮和染髮是在打開表皮層後灌入藥劑，以化學反應來維持髮型和色彩，不過也因此大幅傷害了頭髮。紫外線和吹風機的熱度也會傷害到表皮層。

為了預防髮質受損，表皮層一旦打開，就需要想辦法讓它迅速閉合。表皮層上的毛鱗片從髮根到髮尾為順向，請不要做出逆向傷害表皮層的行為。

保養頭髮有兩個重要關鍵時刻，一個是洗頭和作造型時雙手大面積接觸頭髮，一個是使用吹風機吹頭髮的時候，請在打理頭髮時特別注意動作，降低對表皮層的傷害。

TECHNIQUE 1
Drying...

清洗&乾燥方法

美麗髮型先修課！

你是否早上一面對鏡子，就開始苦思髮型？這就錯了！一個美麗髮型的基礎在於每天的保養，重要的是以正確的方法洗頭和乾燥頭髮。只要前一天晚上確實做到，早上打理造型的時候就不需要太花時間。一開始，請先記住基礎中的基礎——洗頭&吹乾頭髮的竅門。

頭髮洗好後一定要以吹風機完全吹乾嗎？

TECHNIQUE

洗髮精＆潤髮乳

洗髮時，請先把頭皮洗乾淨

1

頭髮保持乾燥，從頭皮開始梳理

梳理乾燥的頭髮。使用圓頭梳或造型梳從頭皮開始將頭髮往上撥，想像正在為頭皮按摩。整個頭皮都要梳過，可促進血液循環，幫助頭皮的污垢浮現，而且還能去除脫落的頭髮和灰塵，提升洗頭效率。

2

徹底預洗，約持續30秒以上（以溫水沖洗）

使用洗髮精之前，先以蓮蓬頭沖洗全部的頭髮。藉由預洗可去除頭髮表面的髒污，同時讓水分充分進入到頭髮內部，讓頭髮不容易因摩擦而受損。這段過程至少要超過30秒。

3

洗髮精搓揉起泡，從後頸部開始洗

將手上的洗髮精以雙手搓揉起泡，再塗抹於全部的頭髮上。先從後頸部開始洗，減少對頭皮產生的刺激。請注意，不是洗髮絲，是洗頭皮。

NG

洗頭的時候請使用指腹按摩，如果使用指甲抓頭，很容易傷害到頭皮！

正式洗頭之前一定要先梳頭和預洗！

洗頭的目的有兩個，就是洗頭髮和洗頭皮。為了達到這兩個目的，洗頭之前要確實做到梳頭和預洗。就算使用洗髮精，清洗的重點也不是頭髮而是頭皮。相反的，潤髮乳不可沾到頭皮，而要以髮尾為主開始塗抹。最後的沖洗所花的時間大約和洗頭髮的時間一樣。遵守這樣的方法，就能徹底洗淨頭皮的髒污，又能最大程度地減少頭髮的負擔。

4

使用指腹清洗所有頭髮

從後方往頭顱側面和前方洗過去。使用指腹，感覺朝著頭頂推動頭皮。重複幾次後，以蓮蓬頭沖水清洗，直到沒有泡泡為止。

NG

洗髮的時候，盡可能別讓頭髮互相摩擦。摩擦頭髮的洗髮方式會造成髮質損傷。

5

潤髮乳主要塗抹在髮尾上

手捧潤髮乳，以受損嚴重或特別乾燥的髮尾為主要塗抹部位。塗抹均勻後，以手充當梳子，由上而下朝向髮尾梳理，讓每一根頭髮都沾染到潤髮乳。

POINT！

潤髮乳若殘留在皮膚上，容易堵塞毛孔。所以，沒有受損的髮根處不必塗抹潤髮乳。

6

徹底沖洗，直至無黏膩滑溜感

最後的沖洗一定要花時間仔細沖乾淨。溫水要從髮根朝髮尾沖刷，直到頭髮完全沒有黏膩滑溜感。

POINT！

洗髮之後，請務必將背部和脖子等處也沖洗乾淨。如果沒有完全沖洗乾淨，潤髮乳的成分會造成皮膚粗糙。

TECHNIQUE

吹乾頭髮

善用吹風機，隔天早上就能輕鬆作造型

1

以毛巾包覆頭髮，輕輕拍打吸去水分

首先使用毛巾初步吸乾水分。請使用吸水性強的毛巾包住頭髮，輕輕拍打吸去頭髮上的水分。

NG

頭髮濕潤時表皮層打開，是最容易受傷的狀態，所以絕對不可使用毛巾「搓揉」頭髮！

2

以毛巾包住頭皮，像按摩一樣吸去水分

頭皮容易殘留濕氣，所以將毛巾直接蓋住頭部，讓毛巾接觸到頭皮，並以指腹輕輕按壓吸去水分。切記，若是以毛巾搓揉頭髮，會讓頭髮因摩擦而受到損傷。

3

撩起頭髮，徹底吹乾

吹風機吹出熱風後，先吹不容易乾的頭髮內側和髮根處。可單手撥起頭髮，讓熱風吹到內側髮根。

POINT！

一邊吹一邊左右晃動吹風機的出風口，藉此可分散熱風的熱度，減輕熱風對頭髮的損傷。

將頭髮完全乾燥，可預防損傷，也能幫助定型！

「沒辦法順利作出髮型」的人占了壓倒性多數，其中不少人在洗頭後根本沒有將頭髮吹乾。成功的髮型有80%的原因取決於洗頭後的「吹乾」步驟！雖然將濕髮吹乾有點麻煩，但是，如果在前一晚徹底吹乾頭髮，隔天只需要稍做整理就能打造出美麗髮型。熱風接觸頭髮的角度也很重要，務必讓熱風從髮根朝向髮尾吹拂，這樣才能擁有一頭亮麗服貼的秀髮。

拉著頭髮，朝向髮尾吹乾

頭髮八分乾時，改為輕輕拉著頭髮，讓熱風從髮根朝向髮尾吹去。

吹風機的出風口持續從髮根朝髮尾移動

吹風機從髮根朝向髮尾移動，持續吹出熱風，等頭髮幾乎全乾後，最後再吹出冷風，並以相同要訣吹頭髮。藉由「熱風→冷風」這個切換模式，可讓原本打開的表皮層閉合，同時帶出頭髮的光澤。

使用齒梳或鬃毛梳進行最後的梳理

頭髮完全乾燥後，以齒梳或鬃毛梳梳理就完成了！如果要使用圓梳搭配吹風機來吹頭髮，請在這個階段執行。

NG

如果吹風機的熱風和頭髮呈直角，容易讓熱度集中在一個點上，此時張開的表皮層會因而受到傷害。

內捲・外捲技巧請見
☞ P.44至P.47

應該如何挑選洗髮精&潤髮乳？

QUESTION

SHAMPOO

搜尋關鍵詞：「水潤」&「清爽」

選購洗髮精的時候，大多會注意產品成分，然而，現今洗髮精的開發技術與日俱進，市面上的洗髮精產品幾乎都很優秀。購買時若直接參考包裝上所寫的標語來挑選，基本上就不會有太大的問題。大多數的洗髮精都會以「水潤」、「清爽」等使用過後的感覺來分門別類，請參考右表，挑選自己想要的產品吧！使用時也要檢查其他的產品狀況，包括：搓揉起泡的速度、去污力、沖掉泡泡的速度、頭髮洗好後的狀態。

洗髮精上的常見標語

水潤保濕	保濕成分豐富，可減少過度乾燥的狀況並讓頭髮服貼，髮量看起來會較少。
清爽（乾爽）	可讓頭髮保持清爽、不黏手指。剛洗好頭髮時會覺得很清爽，同時仍具有一定的保濕效果。
修護受損髮質	洗淨力溫和，洗髮時還可以同步保養因染燙而受傷的頭髮。
減緩老化（活化髮質）	幫助頭皮保持健康，讓失去韌性與彈力的頭髮增加質感。適合給年長者使用。

CONDITIONER & TREATMENT

配合用途選購潤絲精&潤髮乳

使用洗髮精洗髮後，接下來使用的就是潤絲精或潤髮乳。儘管稱呼不同，功用其實大同小異。產品成分會因為製造廠商而有些許差異，可簡單將潤絲精看成是抹在頭髮上優化觸感的產品，而潤髮乳則是可以給予頭髮內部需要的營養。請特別留意，使用各項護髮產品時，必須遵守產品標示的使用方法，否則就無法充分發揮保養效果。

潤絲精	在頭髮表面形成一層膜，保護頭髮不受外部刺激，可讓觸感變好。使用時不需要花太多時間，基本上塗抹後就能馬上沖掉。
潤髮乳	介於潤絲精和護髮素之間。抹在頭髮上後要過一小段時間再沖洗，提升營養浸透髮絲的效果。
護髮素 髮膜	可直接給予髮絲所需的營養，從內部進行受損髮質的修護，讓頭髮變得更健康。塗抹後基本上需要花費5至10分鐘的時間，使養分充分滲透到髮絲中。

ANSWER

市售洗髮精都很優秀，選用自己覺得舒適的即可

每天使用洗髮精和潤髮乳，有助於消除頭髮所帶來的煩惱。現在的洗髮精品質非常優異，配合不同目的選用，享受使用的過程和使用後的感覺吧！

OUT BATH TREATMENT

選用不必沖洗的護髮素，保護髮絲避免熱風摧殘，同時帶來光澤感

最近愈來愈多人洗好澡後，會使用不必沖洗的護髮素來護髮，主要在以毛巾吸乾頭髮的階段時使用。這種護髮素可避免頭髮受吹風機的熱風所傷，還可保養粗糙的髮絲。如果髮質損傷或頭髮容易乾燥，很推薦這種產品。這一類的護髮素類型大致如右表所列。

不必沖洗的護髮素

類型	說明
油性護髮素	推薦給頭髮嚴重乾燥的人，可讓髮量看起來沒那麼多，並改善頭髮蓬亂的情況。
乳液型護髮素	質感比油性產品輕盈，可預防乾燥，打造出有光澤且易於服貼的頭髮。
噴霧型護髮素	質感最輕盈，適合髮量少又頭髮扁塌的人使用。

TREATMENT

護髮產品最重要的不是種類，而是使用方法

洗完頭髮之後，潤髮乳、護髮素、不必沖洗的護髮素等產品琳瑯滿目，最重要的是塗抹方法。一旦護髮產品殘留在頭皮上，就會堵塞毛孔導致頭皮血液循環不良。如果髮量不多，卻將護髮產品滿滿地塗到髮根，很容易導致髮絲變重而讓髮型更加扁塌。塗抹時，請以髮尾為主，如果髮質嚴重乾澀可向上塗抹到頭髮中段至接近髮根處，如果只是想改善髮絲柔軟度，就著重在髮尾即可。請配合頭髮需求酌情使用。

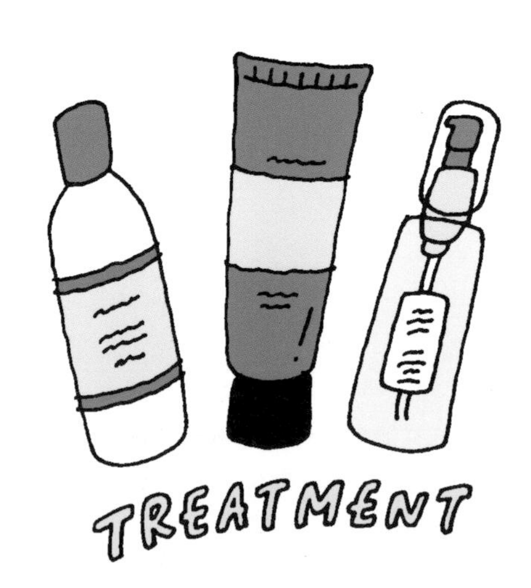

TECHNIQUE
2
Hair Spa!

頭皮保養技巧

每週一次就能擁有亮麗秀髮！

愈來愈多人會到髮廊請專業人員進行頭皮按摩，頭皮按摩對於去除頭皮污垢、促進血液循環極具效果，同時也能提拉臉部肌肉。

如果想要請人按摩卻又沒時間，就自己動手吧！在洗頭的時候，自己做一遍髮廊做的頭皮按摩。每週做一次特殊保養，頭髮和頭皮就能變得更健康！

在家裡自己做
頭皮保養，
輕鬆又舒服。

TECHNIQUE

頭皮保養

溫熱＋按摩，促進頭皮血液循環

1

泡在浴缸裡，溫熱全身

參見P.12的基本洗頭方法，先梳過頭髮，然後泡在浴缸裡溫熱全身。身體暖起來毛孔就會張開，頭皮的血液循環會變好。

2

第一次使用洗髮精，洗掉表層髒污

總共要使用兩次洗髮精。第一次是為了洗掉表層髒污。按照P.12至P.13的要訣來清洗頭皮和頭髮，然後徹底沖乾淨。

3

第二次使用洗髮精，讓頭皮徹底放鬆

再次以洗髮精搓揉起泡，塗抹在頭髮上。這一次指腹要和頭皮貼在一起，以按壓的方式按摩頭皮，慢慢將頭皮洗乾淨。

POINT！

按摩頭皮建議在有泡泡的狀態下進行，因為頭髮被泡泡包覆，可減少按摩時對頭髮的摩擦。

利用洗澡水的熱度，不需要使用特殊道具

按摩頭皮是一種保養方式，可除去毛孔髒污，並促進頭皮血液循環，營造出健康的頭皮環境。要點在於藉由熱度來鬆弛頭皮的緊繃，讓堆積在毛孔的髒污完全跑出來並加以清潔。在髮廊會使用蒸氣機，在自己家中就利用浴室的熱氣來達到溫熱的效果。泡在浴缸裡讓全身變得溫暖後，就輕鬆地按摩頭皮吧！頭皮放鬆，臉部肌膚也會得到放鬆，並且隨之變得緊實。

4 按壓後腦杓

當頭皮整個變得舒適放鬆，就以拇指按壓後頸。如果長時坐在辦公桌前工作而感到肩頸僵硬，可充分按壓這裡以促進頸部以上的血液循環。

5 按壓耳朵周圍

接下來按壓耳朵周圍。拇指指腹貼著頭皮，一邊按一邊像是在拉抬頭皮，能同時拉提臉部肌肉。

6 以Z字形朝向頭頂移動

指腹由下而上朝著頭頂的方向，一邊洗一邊以Z字形移動。最後，以溫熱的水仔細沖洗乾淨後，輕輕擰去頭髮上的水分。

MEMO

在最後的沖洗中，也有人會使用常溫碳酸水來沖洗。這是藉由碳酸水中的泡泡來淨化毛孔，促進頭皮的血液循環。

TECHNIQUE

特殊深層護髮

善用熱毛巾，讓營養滲入髮內

如果在髮根附近沾附太多護髮素，會導致頭髮太重而使得髮量看起來變少。請配合髮質適量調整。

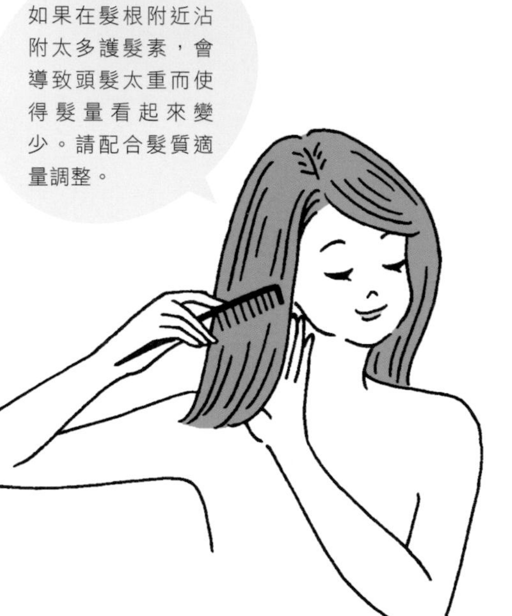

1 塗抹好護髮素後，再以寬齒梳梳理

將頭髮的水分輕輕擰出後，徒手沾取護髮素，以髮尾為中心，像按摩般塗抹上去。使用寬齒梳梳理，讓護髮素沾附到每一根頭髮。

2 徒手輕拉頭髮，使護髮素浸潤髮絲

雙手輕輕順拉頭髮，雙手輪流朝髮尾滑動，藉由這個動作幫助護髮素深層潤澤頭髮。

POINT！

頭髮長度如果超過肩膀到鎖骨中間，護髮素的用量大約是一顆櫻桃大小。請依髮長來增減護髮素用量。

NG

請特別注意！手不可逆向從髮尾滑向髮根，否則會導致表皮層剝離！

使用溫熱的毛巾張開頭髮表皮層，使營養滲入

按摩頭皮有助於養護頭皮環境，而除此之外，許多髮廊還會為顧客增加特殊深層護髮的步驟，進行「頭部紓壓套餐」。這一種深層護髮在家中就可以自己做，只要在塗抹護髮素的步驟上下功夫，使營養成分滲透到髮絲中，就能達到接近上髮廊的效果，請務必動手試試看。要點就在於塗抹護髮素的方法，以及「蒸氣溫敷」這個步驟。特別推薦給頭髮乾澀和因為染燙而髮質受損的人。

使用一般的洗臉毛巾包覆即可。注意不要包得太緊。

3 包上熱毛巾，溫熱約5分鐘

將毛巾浸泡熱水後擰乾，以溫熱的毛巾包住所有頭髮，並泡在浴缸裡溫熱身體約5分鐘。

4 徹底沖乾淨

取下毛巾，以蓮蓬頭沖出熱水，將護髮素徹底沖掉。一定要沖洗到頭髮沒有滑膩感為止。

POINT!

順便讓熱毛巾也碰到後頸，頭皮、後頸兩處一併溫熱，就能讓脖子以上的頭頸部位血液循環變好。

NG

如果沒有徹底把護髮素沖掉，殘留下來的護髮素會傷害肌膚和頭皮，麻煩就大了！

Q. 打破一般人對洗髮 & 吹乾頭髮的迷思！

ANSWER.1

洗頭頻率：建議一天一次，晚上洗

雖然有人主張每天洗頭會傷害髮質，但我卻認為一天洗一次頭是基本要求，而且我建議在晚上洗頭，當天的髒污和皮脂就在當天去除。尤其如果你習慣使用髮蠟或定型噴霧劑等作髮型，不建議未洗淨前就直接睡覺，這樣會對頭皮造成負擔。請按照P.20至P.21的要訣，徹底將頭髮洗淨後再入睡。由於每個人的生活型態不同，有些人一到夏天，睡覺總會睡得滿頭大汗，這時候就沒必要拘泥一定要晚上才洗頭。

ANSWER.2

「洗頭時面朝下，臉會鬆弛？」不要聽信這種傳言！

我聽說過「面朝上洗頭，仰頭沖掉泡沫可以預防臉部鬆弛」，但這種說法實在無從判斷真偽。確實，身體前傾的姿勢或許短時間之內會導致面部鬆弛，但洗頭的時間只有一天之內的幾分鐘，相較之下，坐辦公桌和使用手機的時間還比較久，帶來的負面影響相對上應該更大。對於面朝上洗頭有困難的人來說，洗頭的時候就算面朝下也完全沒有問題，請放心。

ANSWER.3

染髮和燙髮過後，暫時不要洗頭

染髮和燙髮過後，頭髮的表皮層處於容易開啟的狀態，需要花費一些時間才能讓顏色和造型定型，並讓頭髮恢復成原本的狀態。在此之前，一旦弄濕頭髮，表皮層開啟後就容易脫色，髮型也容易走樣，因此如果想要「維持原樣」，最好盡可能不要洗頭。當然不可能很多天不洗頭，但至少在去過髮廊染、燙的當天晚上不要洗頭；洗頭時，以基礎方法洗頭皮為主，並快速吹乾頭髮，如此一來髮色和髮型就能維持得比較久。

ANSWER.4

「放任頭髮自然乾燥最不傷頭髮？」這真是天大的誤解！

有些人認為「吹風機的熱風對頭髮不好」，所以都讓頭髮自然乾燥，但這其實是錯誤的行為。頭髮如果長時間處於濕潤狀態，其實有害於髮質。頭髮濕潤膨脹後，表皮層會開啟，這時受到一點小刺激就很容易剝離。而且，當頭皮長時間處於濕潤狀態，細菌很容易藉機繁殖，導致發癢等頭皮症狀。現今的吹風機能讓頭髮不過熱，護髮素也很普及，因此還請接納這些好用的工具，養成「快速吹乾頭髮」的好習慣。

正確的方法其實意外地簡單！

在情報氾濫的時代，關於洗頭的方法和弄乾頭髮的方法，不少人長期抱持著先入為主和錯誤的想法。在這個單元裡，我將一解大家心中的疑惑。

ANSWER.5

不要以毛巾覆髮擰乾，避免傷害表皮層！

長頭髮洗後要完全吹乾是很辛苦的事，既然如此，可不可以乾脆以毛巾包捲頭髮，然後放著不管就好了呢？正如我前面所說，頭髮在濕潤狀態下非常纖細與脆弱。如果此時要以毛巾包捲頭髮，不是不可以，但請務必慎重。然而絕對不可直接以毛巾捲住長髮後，像擰抹布那樣去除頭髮中的水分，雖然這樣做確實能夠將水分去除，但會增加毛巾與頭髮之間的摩擦，導致表皮層千瘡百孔。為了保有一頭秀麗的長髮，請不要這麼粗魯地對待頭髮。

ANSWER.6

睡醒時頭髮亂翹，從髮根抹濕後再弄乾，立刻變得服服貼貼

只要應用P.14至P.15的基本方法整理頭髮，就能輕鬆讓睡醒時的翹髮變得服貼。要訣在於把翹起的頭髮從髮根開始打濕。首先把手打濕，然後手指插進翹髮底下，將頭髮沾濕，使翹起的頭髮成為洗髮後的狀態。接下來只要依吹乾頭髮的基本方法來處理，拉著頭髮以吹風機吹乾即可。請記住，只有把翹起的髮尾弄濕是沒法解決翹髮的唷！

〔整理睡醒後的翹髮〕

雙手打濕。

把濕濕的手指插進翹髮底下，以翹髮的髮根為主要塗抹部位，抹濕所有的翹髮。再來只要輕拉頭髮，以吹風機吹乾即可。

TECHNIQUE 3

split...

任何人都是美人！

瀏海の美顏攻略

瀏海決定了整張臉的印象，是很重要的部分。許多人常常苦惱於無法控制好瀏海的造型，例如：「頭髮分線沒辦法好好固定住。」、「真想把半長不短的瀏海處理一下。」你的苦惱我聽到了！在這個單元裡，我會介紹專業美髮師的技巧，讓你不管瀏海多長，都可藉由基本且派得上用場的方法，解決令人煩惱的頭髮問題，打造漂亮的瀏海造型！

好想作出垂瀏海，
可是瀏海不聽話，
每次都會變旁分……

TECHNIQUE

妹妹頭齊瀏海

想將瀏海整齊垂下，但頭髮就是會自動分邊

BEFORE

想將瀏海整齊垂下，但頭髮就是會自動在偏左處分邊。

由於頭髮是順著髮流生長，因此就算想要打造妹妹頭一般的整齊瀏海，頭髮也會自動分邊岔開。其實只要從髮根下手，順從髮流整理，就能打造自然下垂的瀏海。

1 將頭髮往分邊的反方向拉

把自動分邊的頭髮髮根打濕，拉向分邊的反方向。然後在這種狀態下以吹風機的熱風吹拂髮根。

2 使用圓梳，讓瀏海往下垂

以圓梳從下方將瀏海梳起來，往內捲，並讓捲住梳子的髮根顯現出來，以吹風機吹熱風後，慢慢地將瀏海吹成內捲。

FINISH

AFTER

解決了髮根容易分邊的慣性，瀏海變成不會岔開來的可愛妹妹頭。

POINT!

關鍵在於先將瀏海的「慣性分邊」給去除。在去除慣性之前，都要重複拉著瀏海吹熱風的步驟。

TECHNIQUE

輕盈飄逸的旁分

善用圓梳的「鬆髮技巧」，營造輕盈飄逸感

BEFORE

原本是水平零層次的直髮造型，平常把長瀏海中分，給人一種冷冰冰的印象。

使用圓梳營造出輕盈飄逸的髮型，推薦給瀏海很長或是瀏海正在長長的你。在外捲髮型上添加一些弧度，就能營造出高雅的氣質。關鍵在於圓梳的使用方法。

1 從髮尾開始，以圓梳向外捲

從瀏海的髮尾開始，以圓梳捲成外捲的樣子。為了避免成為斜向捲，請一手拿著梳子，一手輔助穩定性，作出垂直捲起的瀏海。

2 捲起頭髮後，先吹熱風，再吹冷風

以吹風機朝著捲起的頭髮吹熱風，約持續10秒，接著切換成冷風，再吹10秒。

3 旋轉梳子，鬆開頭髮

將圓梳反向旋轉，慢慢鬆開原本捲起的頭髮。請注意！鬆開時不要拉扯頭髮，可徒手梳整。

POINT!

因為自然髮流是往旁邊走，因此不要以圓梳斜向捲，而是要筆直往上捲，才能從髮根作出想要的髮流。

FINISH

AFTER

瀏海變得輕盈飄逸，充滿躍動感，也添加了華美和溫柔的印象。

TECHNIQUE

挺立而蓬鬆的大旁分

以定型噴霧劑固定髮根就一切OK！

BEFORE

自然旁分的狀態下，瀏海看起來扁塌無神。想要打造具有立體感的「半屏山」瀏海。

親手打造出自然上挺的瀏海。美麗的要訣在於讓髮根聳立，可使用長效持久的硬式定型噴霧劑強化重點部位，然後以吹風機吹乾就OK了。

FINISH

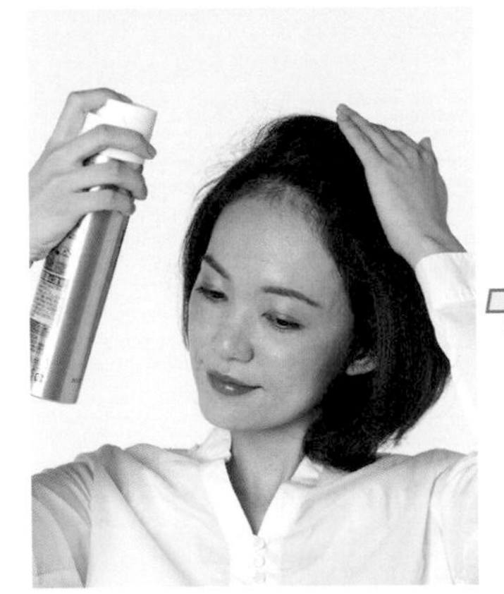

AFTER

1 在頭髮分線的髮根處噴上定型噴霧劑

徒手撥起瀏海，在距離髮根約3到4公分的位置上噴長效持久的硬式定型噴霧劑。為了避免頭髮變得太硬，請少量多次地慢慢噴。

2 在噴過的髮絲上以吹風機吹熱風

使用吹風機，朝向噴有定型噴霧劑的部位吹熱風，使其乾燥。小心不要讓聳立的髮根塌陷，請同時以手梳理整齊。

髮根聳立，為髮型增添了立體感，臉頰線條看起來也更俐落，展露出成熟韻味。

POINT！

只要讓噴過定型噴霧劑的部位完全乾透，就能讓髮根維持聳立的狀態。

TECHNIQUE

斜瀏海換邊

改變斜瀏海的方向，營造出律動感！

BEFORE

每次瀏海都是向右旁分，因為長期自然分邊，瀏海變得扁塌無層次感。

側斜的瀏海造型能夠帶來開朗又有條不紊的印象，與直直垂下的齊瀏海不同。不過，如果每次都在固定的位置上分邊，髮根會因為慣性而使得瀏海變得扁塌。請常常使用本單元的方法，自己動手改變斜瀏海的旁分方向吧！

FINISH

AFTER

1 頭髮反向分邊梳，對著髮根吹熱風

在瀏海上噴硬式定型噴霧劑，再把頭髮梳往反方向，以圓梳按住頭髮，以吹風機對著髮根吹熱風。

2 梳子朝著要分邊的方向，斜斜往下移動

以圓梳按著頭髮，朝著旁分線的方向微微移動，以吹風機的熱風吹髮根，約吹5到10秒後，再將梳子斜斜地往下梳就完成了。

因為換邊旁分，髮根也立了起來，因此不再是原本平板的瀏海，髮量也感覺增加許多。這個髮型能讓人看清單邊眉毛的造型，彰顯出開朗的表情。

POINT！

以梳子進行分邊時，梳子與旁分線之間的髮根處要往上立起，這個動作能讓瀏海顯得輕盈飄逸。

如何搭配臉形＆場合打理出適當的髮型？

CASE.1

臉圓的人

頭頂作出分量感，強調出縱長線條

臉圓的人經常給人一種大餅臉的感覺，只要強調出縱長線條，就能在視覺上讓臉部的寬度變小，打造出舒服的視覺平衡感。瀏海建議選擇「斜瀏海（P.31）」或「大旁分（P.30）」，稍微露出一點額頭。在頭頂上試著營造飄逸感，也藉此增加分量感，強調出縱長線條，使得臉部的寬度不再醒目（增加頭髮分量感的方法請參照P.38至P.39）。頭頂的分量感增加，會同時帶出年輕有朝氣的氣息。

CASE.2

臉長的人

側邊頭髮寬鬆一些，增添柔和的圓弧線條

臉形較長的人天生具有「敏銳」、「高雅」等形象魅力，不過因為臉形較長，從年輕時就會容易看起來比實際年齡大一些，隨著年齡漸長，給人的印象就很容易會變成「老成」、「冷冰冰」。如果希望自己的氣質能夠更加溫和柔美，就讓臉部側邊的髮量變得寬鬆些，如此就能強調出圓潤柔和的線條。如果將瀏海加厚，縱向線條會顯得較短，比較能夠帶來年輕印象，顯得俏皮可愛。

改變瀏海造型＆分量感，塑造理想臉形

只要改變髮型，就能讓臉看起來變得小巧可愛，或是變得年輕、充滿朝氣。要訣在於瀏海髮量的表現。本單元以四種類型作為示範說明。

CASE.3

休閒的場合

讓瀏海蓬鬆下垂，營造自然風格

蓬鬆飄垂的瀏海是最近很流行的造型，一般而言，瀏海自然垂下會給人一種年輕、容易親近的印象。在休閒的場合或想彰顯年輕積極的時候，建議將瀏海打理得蓬鬆一些。不過，如果瀏海的量感太重，會導致頭髮的影子籠罩在臉上，反而不佳。建議適當旁分，讓人可以看到你的單邊眉毛，這樣才能給人較好的印象唷！

野沢先生の建議

即使同樣是垂感造型的瀏海，剪成平整的齊瀏海會給人帶來一種時尚、個性的印象，與具有空氣感的蓬鬆瀏海完全不同。請配合自己的理想嘗試看看吧！

CASE.4

正式的場合

瀏海和側邊頭髮都要清爽，給人整齊清潔的感覺

在工作或正式場合時，最重要的就是整齊清潔的造型。要訣在於極力避免讓頭髮碰到臉！如果你平常會在額頭上垂放瀏海，這時最好是選擇將瀏海整理到兩邊，讓人可以看清你的兩道眉毛。兩側的頭髮也要整理到耳後，或梳公主頭（將耳朵上方的頭髮拉到後方綁起），這樣才能給人俐落的印象。

野沢先生の建議

頭髮分邊時，先噴一些硬式定型噴霧劑，再以齒梳分邊，這樣頭髮就不會失控了。如果你平常都是垂瀏海造型，在正式場合時可以使用這個方法來改變印象。

4
TECHNIQUE
Volume...

髮量感增減術

髮量感是造型關鍵！

有人頭髮過多且無法服貼，有人髮絲沒有韌性與彈力，導致頭髮過扁……似乎有非常多人都對髮量感到煩惱。剛走出髮廊時，似乎一切完美，等到頭髮一長，就不知如何處理，沒辦法作出漂亮的造型。請放心！野沢老師來幫你！不管是想讓髮量看起來變多，還是變少，你都能輕鬆達成。不必特別費心，平常保養頭髮時，隨手就能整理出最佳的髮量感！

頭髮塌塌扁扁的！
好想一直維持
剛作完造型的
蓬鬆模樣……

TECHNIQUE

蓬頭亂髮DOWN

善用圓梳，讓頭髮變得服貼！

BEFORE

髮量多，髮質又乾澀粗糙，每天早上起來都頂著一顆爆炸頭。就算把頭髮弄濕再拿吹風機吹，沒多久還是會開始東翹西翹……

吹風機的熱風要從髮根吹向髮尾，表皮層才會完美收合。

1 以髮夾夾住外側頭髮，先吹乾內側

先以毛巾吸去頭髮上的水分，再以吹風機將頭髮吹到八成乾，然後將外側的頭髮往上撥，以髮夾夾住。拉住內側的頭髮，吹風機從髮根吹向髮尾，這樣就能預防頭髮的表皮層持續張開。

2 外側的頭髮也要拉著吹乾

放下剛才以髮夾夾住的外側頭髮，與步驟1一樣，拉著外側的頭髮，以吹風機從髮根吹向髮尾。

確實吹乾內側頭髮，以圓梳整理亂髮

最能降低髮量感的方法，就是落實洗完頭後吹乾頭髮的步驟，作法請參見P.14至P.15的基本技巧。髮量多的人因為頭髮很厚，要花很多時間頭髮才會完全變乾，如果內側還處於半乾狀態，在水分蒸發的過程中，量感會逐漸變得厚重，所以首先就是要拉起內側的頭髮，確實吹乾。最後利用圓梳讓頭髮表面變得平整，這時候你就能擁有光滑亮麗又整齊服貼的秀髮了！早上要作造型時，稍微打濕頭髮後，重複相同步驟即可。

最後吹冷風，
讓表皮層收縮，
帶出迷人亮澤。

FINISH

AFTER

3 掌握向外捲的訣竅。圓梳貼著頭髮表面，慢慢轉動

最後以圓梳按住頭髮表面，依照上圖箭頭方向，慢慢轉動圓梳，梳子要從髮根朝向髮尾移動，同時以吹風機吹著梳子捲繞的部位。最後以吹風機對著頭髮吹冷風，帶出自然的秀髮光澤。

自然不做作！打造最佳量感

原本的蓬頭亂髮已經變成自然的直髮。如果頭髮容易毛躁，可以塗抹油性造型護髮劑，讓頭髮更加服貼。

TECHNIQUE

扁塌的頭髮UP

使用鋁片髮捲，作出蓬鬆髮型！

BEFORE

留短髮的人必須注重側面的視覺平衡感。後腦杓的頭髮如果扁塌，會給人一種髮量過少的老人印象。

鋁片髮捲內側的金屬一旦受熱加溫，就強化髮根的挺立度。

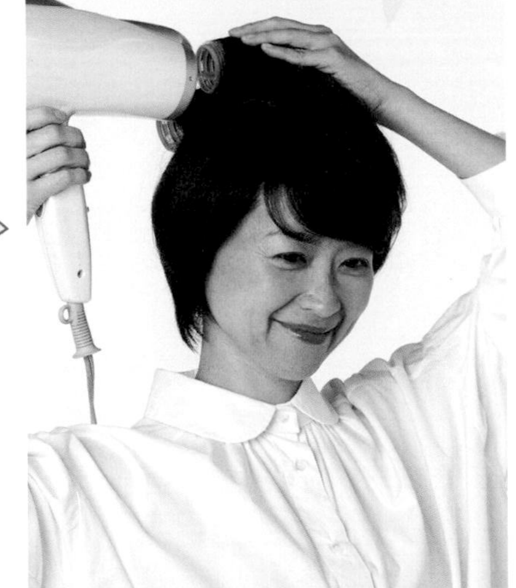

1 取頭頂後方的頭髮，捲上兩個鋁片髮捲

準備兩個較大的鋁片髮捲，取頭頂偏後方的頭髮，從髮根開始牢牢地捲上髮捲，成為內捲狀態。

鋁片髮捲是什麼？

☞ P.48

2 髮捲上好後，輪流吹熱風和冷風

捲上髮捲後，朝著髮捲的內側吹入熱風，約持續吹10至15秒，再換冷風吹10秒。藉由「熱風→冷風」的溫度變化，塑造頭髮的捲度。

兩個鋁片髮捲就能讓後腦杓的髮根立起

年齡愈長，頭髮的韌性與彈力就會愈趨下降，結果形成頭髮扁塌的模樣。一旦髮量感覺變少，外在年齡就容易看起來老上許多。如果想要打造出輕飄飄的年輕秀髮，建議要增加後腦杓的髮量感。本單元介紹便宜又好用的鋁片髮捲使用技巧。使用較大的鋁片髮捲，在後腦杓作出內捲即可，髮根立起後所營造出的豐盈感，會散發出年輕氣息。

\ FINISH /

3 使用定型噴霧劑，維持豐盈感

最後，輕輕噴上一些定型噴霧劑，等乾燥後再拿掉髮捲。捲起來的頭髮打造了極具豐盈感的髮型。藉由使用定型噴霧劑，可讓髮型維持得更久。

AFTER

蓬鬆豐盈的頭髮，營造出完美平衡

從頭頂到後腦杓的頭髮變得蓬鬆，看起來髮量增加了。從側面看，整體造型呈現了良好的平衡感，散發出年輕氣息。

Q. 頭髮為什麼會失去韌性＆彈力？

QUESTION

頭髮有生命週期，從新生到脫落，健康程度隨之改變

頭髮自長出後約每個月長長1.2公分，過了一定的時間就會自然地衰退並脫落，接著又會從脫落處長出新的頭髮，這段過程稱之為頭髮的生長週期。健康的頭髮生長週期大約4到6年。

不少人會因為年紀漸長而覺得頭髮變細、變少，原因在於頭髮週期產生變化。隨著年齡增加，頭髮年輕的成長期變短，常常在髮絲還很細的時候就脫落了，這種現象也就造成年長女性頭髮變得比較稀疏。由於女性是所有頭髮的生長週期都變短，因此不會像男性只有特定部位的頭髮稀疏，但會產生「整體髮量變少」、「髮根立不起來」等困擾。

〔年輕人的頭髮週期〕

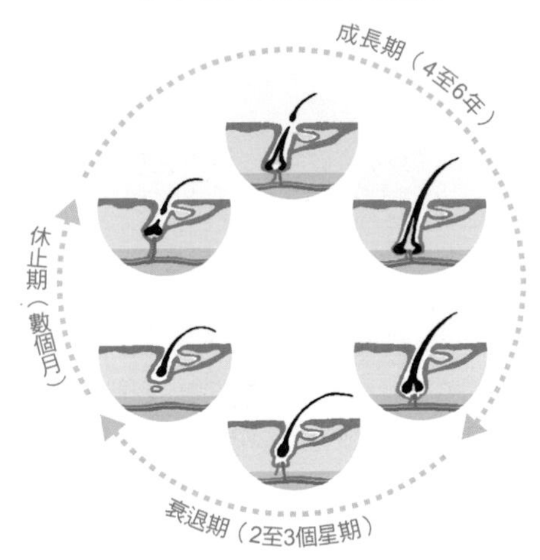

長出的頭髮會有4至6年的成長期，接著經過2到3個星期的衰退期，最後步入休止期。過了幾個月之後，又會長出新的頭髮。

〔年長者的頭髮週期〕

成長期縮短，很快就進入衰退期。頭髮還來不及健全長大就脫落，毛根接著就進入休止期。每根頭髮都變細，髮量也就因此而感覺變少。

頭髮週期變短是主因

一根頭髮的生命都會歷經從頭皮深處誕生、成長、衰退，最後再脫落。每根頭髮都會重複走過這樣的生命歷程，我們只要瞭解這樣的機制，就能知道為了維持年輕的頭髮需要做些什麼努力。

隨著年齡增加，毛孔長出的頭髮數量會減少

一旦頭髮開始老化，頭髮的生長方式也會隨之改變。年輕時，一個毛孔可同時生長三到四根健全的頭髮，但是，隨著年紀漸長，一個毛孔最後只會長出一根頭髮，隨著身體持續老化，每一根頭髮還會變得愈來愈細。瞭解了人體的自然變化，也就不難理解，為什麼年紀愈大就愈容易出現「頭髮稀疏」&「頭皮外顯」這些惱人的困擾。

頭皮的血液循環變好，髮絲的韌性&彈力就能改善

如果希望髮絲的韌性&彈力不要隨著年紀增長而嚴重下降，就必須努力保持頭皮的健康。首先，請務必依照P.12至P.13所介紹的正確洗頭方法來清理頭皮。落實清潔可預防毛孔堵塞，促進頭皮的血液循環，進一步營造出能讓頭髮獲得充足成長養分的環境，減緩頭髮的老化。

〔毛髮的老化〕

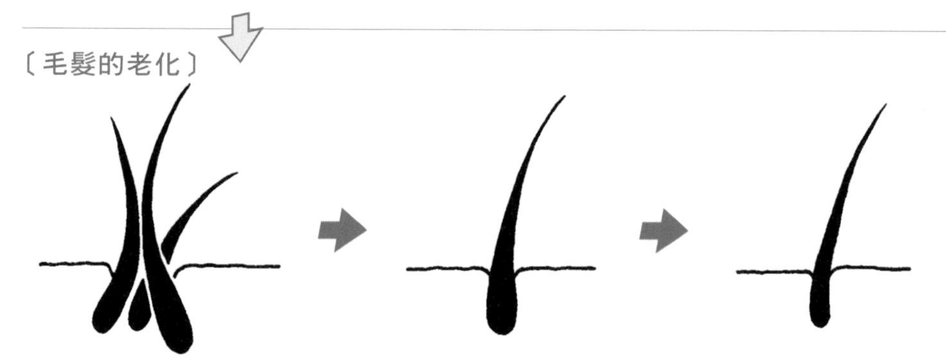

一個毛孔可以長出3至4根的頭髮。

變成只能長出1根頭髮。

每根頭髮都變細，且快速就脫落，進入不長毛髮的休止期。而且，有這種狀況的毛孔逐漸增加。

不只是年齡！有時掉髮量會忽然增加

洗頭時如果掉髮量增加，就會令人擔心頭髮愈來愈稀疏。雖然掉髮和年齡增長有關，掉髮卻不僅僅是因為年齡增長。掉髮的狀況有時會受季節更替的影響，從夏季邁入秋天的這一時期，就是很容易掉髮的季節交換期。剛生產完後，因為身體荷爾蒙的變化，也會暫時增加掉髮量。面對這一類的暫時性變化不必太過擔心，只要確實做好保養工作，日後就能自然恢復原本的狀態。

TECHNIQUE
5
Curling...

成為自己的髮型師

內捲&外捲小技巧

想要作出內捲的造型，
但不管努力幾次，
都會有一邊是外捲……

雖然想要自己動手打造出像髮廊作的漂亮髮型，卻怎麼樣都沒辦法作得像專業美髮師那樣。其中最困難的，就是作出左右對稱的內捲&外捲。其實專業美髮師沒有多厲害，他們只是善用「按壓」的技巧而已。只要能精通這個技巧，不管是蓬鬆的內捲還是俏麗的外捲，你都可以隨心所欲地作出來。

TECHNIQUE

內捲

「髮根」是成敗關鍵！

BEFORE

POINT！

頭髮如果沒辦法順利捲起，或是就算捲了也容易變形，要特別想辦法讓髮根立起。

只要吹風的時候不要逆著表皮層吹，頭髮就會乖乖聽話，也比較容易作出內捲造型。

1 從頭髮內側，向著髮根吹熱風

先稍微濕潤所有的頭髮，然後撥起頭髮，從內側開始向著髮根吹熱風。兩側、後頸、頭頂，所有部位的髮根都要以熱風吹過，讓髮根挺立。

2 從頭髮外側，向朝著髮尾吹熱風

內側頭髮幾乎都乾了之後，就拉著頭髮，從髮根向著髮尾吹熱風，帶出光澤感。重複步驟1和步驟2的動作，直到將所有頭髮吹乾。

不必在髮尾上髮捲，重點在於讓髮根挺立

要作內捲造型的時候，你是不是把焦點都放在髮尾上呢？其實這就是為什麼你無法作出漂亮內捲的原因唷！由於頭髮是從髮根長到髮尾，因此髮根的狀態會影響髮尾的造型。想要作出漂亮的內捲，就不要壓到髮根，而是使其挺立、蓬鬆。假如左右兩側的內捲都很難作，請確實讓沒辦法作出內捲的髮根立起來。只要做到這一點，就能打造出像剛步出髮廊一般的完美內捲造型！

捲起來後以熱風吹5秒，然後將吹風機移開，冷卻5秒。這個「溫熱→冷卻」的動作是塑造出漂亮捲度的訣竅唷！

3 使用圓梳，將頭髮捲成內捲，在捲繞處吹熱風

從髮尾開始，由下而上以圓梳將頭髮捲成內捲，再以吹風機的熱風吹5秒。吹完後，移開熱風，5秒後等熱度冷卻了，再慢慢移開梳子，避免讓捲髮變形。

AFTER

頭髮向內捲，蓬鬆又自然

從髮根到髮尾都有自然的蓬鬆感，而且還是左右對稱的漂亮內捲造型。

TECHNIQUE

外捲

使用電熱髮捲作出彈性十足的捲髮

BEFORE

POINT!

讓圓梳向外旋轉，同時在髮根處吹熱風。

建議事先使用捲髮用的定型劑，能夠保護頭髮不受高溫傷害，還能讓捲度更持久。

1 圓梳貼在頭髮外側，按住髮根

將所有頭髮稍微打濕，然後把圓梳貼在頭髮外側，向外旋並按住髮根，以吹風機對著髮根處吹熱風。

2 使用電熱髮捲，從髮尾向上捲出外捲，捲至頭髮中段處

電熱髮捲先加熱，再從髮尾向上捲出外捲，捲至頭髮中段處。為了不要讓髮尾線條歪斜，請直直往上捲。保持這個狀態5至10分鐘。

藉由壓扁髮根，讓髮尾的線條變得醒目

直髮的人如果想要改變形象，作出帶有華麗感的髮型時，我推薦在髮尾作出躍動感的外捲造型。為了能夠作出明顯的捲度，本單元會介紹電熱髮捲（P.49）的使用方法。

如果希望捲得漂亮，訣竅和內捲一樣，就是「髮根」！在捲髮之前，使用圓梳壓扁髮根，事先壓抑髮根的挺立度，髮尾就能作出漂亮的外捲。

FINISH

3 拿掉電熱髮捲，把頭髮往上撥

拿掉電熱髮捲後，手指插進頭髮內側，往上撥，盡量撥散髮尾。頭髮被撥散開來後，能夠增加蓬鬆感。

AFTER

服貼的髮根&彈跳的髮尾，展現高雅氣質

只有髮尾向外捲，這是一款帶有華麗感的髮型。過程中降低了髮根處的挺立感，所以不會感覺很蓬亂，而是看起來顯得很高貴、大方。

打理髮型時，有沒有推薦的好用道具呢？

QUESTION

ITEM.1

必備的梳子

造型梳

表面密植著具有彈力的梳毛，雖然是普通的梳子，但可牢牢地捲住頭髮。打理髮型常常會需要集中頭髮，這個時候就能派上用場。

圓梳

圓梳是一種360度一整圈都有梳毛的梳子，可以捲起一整束的頭髮，以吹風機吹出造型，製造出捲度。打造各種髮型時，圓梳都是非常好用的道具。

最基本的兩把梳子

使用梳子的時機主要是洗頭前先梳頭髮，還有正式作造型的時候。專業美髮師會使用各式各樣的梳子，但如果只是居家保養，先準備上面介紹的兩種梳子即可。

ITEM.2

鋁片髮捲

髮捲的款式琳瑯滿目，甚至還有兩個髮捲可組合在一起增加長度的髮捲。一般常見的髮捲是塑膠製，建議使用內側為金屬材質的髮捲。

可打造豐盈的髮型

想讓髮根翹起、挺立，髮捲絕對是重要的道具。選擇內側為金屬材質的髮捲，頭髮乾燥後捲上髮捲，以吹風機朝內側的金屬片吹熱風加溫。上髮捲的時候仍可自由活動，所以在早晨忙亂的時段也能善用時間，輕鬆作造型。

ANSWER

A. 準備簡單的捲髮道具就能輕鬆作造型

要在家中自己打理髮型，基本上只要有吹風機和梳子就可以了。但是，如果能夠進一步熟練地使用髮捲或電棒捲，作起造型來就會更輕鬆、更有效率喔！

ITEM.3

整髮電棒

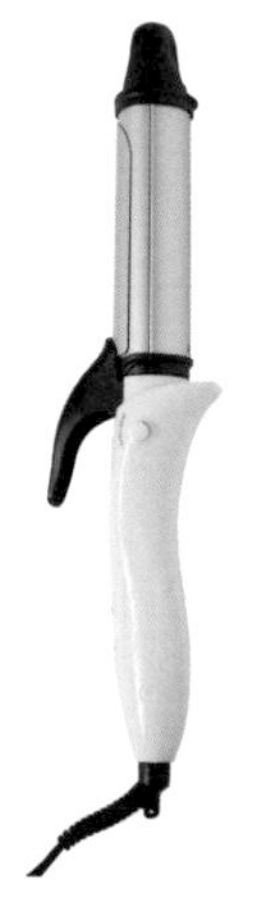

可作出直髮和捲髮兩種造型的二合一整髮器。

※為了防止燙傷，第一次使用時請在電棒沒有加溫的狀態下練習。

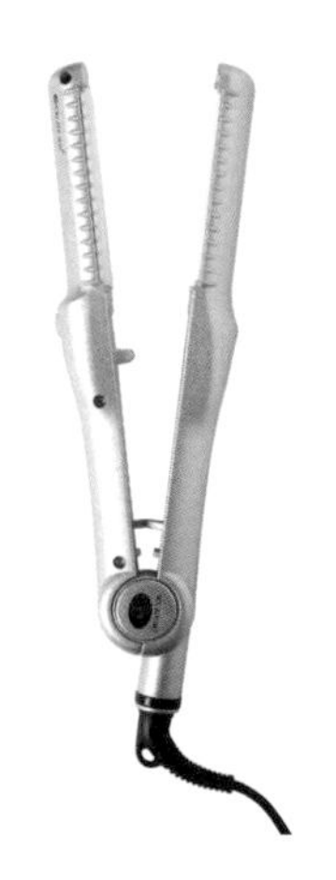

只能作直髮造型的離子夾。如果要矯正翹髮或想作出漂亮的垂髮瀏海時，建議使用這種產品。

以高溫作出捲髮＆直髮

電棒可夾住頭髮加熱，藉由高溫作出捲髮或直髮。雖然可快速作出造型，但是，一旦使用的方法錯誤，就會對頭髮造成很大的損傷。使用時最重要的就是避免讓高溫長時間停留在同一處。建議事先塗抹具有抗熱效果的造型護髮劑，幫助降低對頭髮造成的損傷。

ITEM.4

電熱髮捲

有不同的大小尺寸，四個一組，推薦給想要讓頭頂部位看起來髮量豐盈的你。

可作出大波浪捲

電熱髮捲要先利用電進行加溫，有熱度後才拿來使用。和電棒一樣，電熱髮捲也是利用熱度來塑形，但是電熱髮捲對頭髮的傷害比較小。想要作出大波浪捲的時候，或想要讓髮根挺立使頭髮蓬鬆的時候，有這種電熱髮捲就會很方便。

6
TECHNIQUE
Frizzy...

終結毛躁&亂翹

不再被年齡牽著鼻子走

年輕的時候明明是服服貼貼的直髮，年紀愈大頭髮就愈來愈容易毛躁……你是不是也有這種困擾呢？頭髮亂翹是年齡增長的過程中容易出現的變化之一，會因此沒辦法作出漂亮造型，也是使得外觀年齡顯老的主因。本單元介紹頭髮毛躁亂翹的處理方式，只要記住這個技巧，不但可以解除困擾，還能活用翹髮來輕鬆作出蓬鬆髮型。在雨天或濕氣重等日子中，髮型較容易走樣，這時就可以巧妙地將翹髮運用在造型中。

頭髮到處亂翹，
完全不服貼，
整頭亂糟糟的……

TECHNIQUE

以吹風機解決毛躁

如果頭髮毛躁的狀況不嚴重，延長吹整的時間就OK

POINT！

髮根是「亂源」！先確實將髮根噴濕。

「拉」＋「收緊表皮層」，頭髮就能變直、變服貼。

1 以噴霧罐噴水，確實把髮根噴濕

首先以噴霧罐噴濕髮根處。噴水的時候，請按住頭髮，將容易翹起的頭髮髮根處噴濕。

2 拉著頭髮，熱風從髮根吹向髮尾

輕輕拉著頭髮，將吹風機的熱風從髮根吹向髮尾。

使用圓梳整理不聽話的頭髮

頭髮表面處處都有翹起來的髮絲時，使用基本的吹風機技巧，輕鬆就能消除頭髮毛躁的狀況。

要訣在於要確實噴濕髮根，因為翹起的髮絲都是從髮根開始翹起的，如果只是吹整頭髮的中間和髮尾，不論花多少時間吹整也沒用。再來使用圓梳整平表面翹起的髮絲即可。如果是輕微的翹髮，這樣就能解決，頭髮會變得滑順有光澤。頭髮務必要徹底吹乾，如果只吹到半乾，頭髮自然全乾後，又會開始東翹西翹，毛毛躁躁。

POINT!

將吹風機的熱風吹向以梳子梳整的部分。熱風要從髮根吹向髮尾。

3 圓梳朝外旋轉，整平頭髮

從髮根到髮尾，慢慢由上而下，以圓梳下壓表面的頭髮，然後向外旋繞，持續吹熱風。

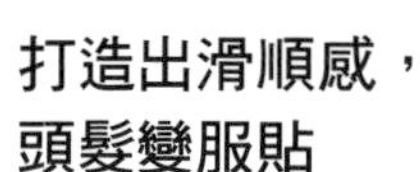

打造出滑順感，頭髮變服貼

以吹風機解除毛躁危機，讓跑出頭髮表面的翹髮變得服貼，讓你擁有一頭自然亮麗的直髮。

TECHNIQUE

以離子夾打造直髮

小心使用不傷髮，輕鬆擁有美麗直髮

POINT！

絕對不可過度燙髮！只要夾燙一次就能讓頭髮變平滑，如果同一個部位重複加熱多次，會造成髮質受損，還請注意！

雖然高溫可以燙平翹髮，但對頭髮的傷害卻很大！盡量在頭髮的中段部位使用高溫的離子夾，且使用時間要愈短愈好，以減少對頭髮造成的傷害。

1 在頭髮中段以170℃高溫燙整2至3秒

離子夾的溫度設定為170℃，不要夾住髮尾，而是要夾住頭髮中段的部位。每一處夾燙的時間只要2至3秒。請一點一點挪動夾燙的位置，慢慢將頭髮全部燙直。容易受傷的髮尾千萬不要夾燙。

2 溫度降至150℃，從髮根朝著髮尾慢慢滑動

把溫度切換到150℃。確定剛才夾燙的頭髮已冷卻後，才又重新夾住一束頭髮，輕輕夾在頭髮中央靠近髮根處，慢慢地朝髮尾的方向滑過去。要訣在於夾燙時不要一次夾太多頭髮，每次夾燙的髮束要又薄又寬。

交替使用兩種溫度，預防頭髮受傷

如果毛躁的狀況很嚴重，或想要一口氣變成俐落的直髮，我推薦使用直髮離子夾（P.49）。只是，請千萬注意，夾燙頭髮的離子夾容易傷害到頭髮！

最重要的就是夾燙時要避免在同一處停留太久。離子夾可設定溫度，請先設定為170℃，再轉換為150℃。頭髮濕潤的時候表皮層會打開，此時如果進行整燙很容易受傷，所以使用離子夾的時候，請確認頭髮處於全乾的狀態。

MEMO

如果事先塗抹整燙用的造型護髮劑再作造型，就能保護頭髮不被高溫所傷。如果時常使用夾燙的方式來整理頭髮，請務必落實護髮工作。

以電棒夾燙比吹風機吹整更筆直

使用離子夾能夠打造出像去髮廊燙整般的直髮，不但可解決毛躁的翹髮問題，如果髮量比較多，還能製造出髮量感變少的效果。

TECHNIQUE

善用翹髮打造蓬鬆造型

讓醒目的翹髮產生律動感，打造燙捲風格

造型護髮劑只能塗抹在髮尾上。如果從髮根開始塗抹，容易導致髮絲太重，無法創造出輕盈的飄逸感。

1 在髮尾塗抹護髮油或護髮乳

使用吹風機之前，先在髮尾塗抹護髮油或護髮乳，當以髮尾為中心進行吹整時，就能防止頭髮受到傷害。將護髮產品擠出置於手掌上，用量約兩顆珍珠大小，然後抹開，以雙手包覆頭髮，將護髮產品抹在髮尾上。

2 輕輕握住頭髮，朝著手心吹熱風

單手輕輕握住髮尾，將吹風機的熱風吹進手心裡。一邊握髮一邊吹風，讓髮尾自然翹起。

善用造型護髮劑來玩弄髮尾，立刻就能變得時髦

會亂翹的頭髮若不處理，就會是可怕的鳥窩頭，但是，只要掌握技巧稍加打理，轉眼就會變成輕飄蓬鬆的美麗捲髮。

希望華麗轉身，竅門在於巧妙地活用髮尾的躍動感。使用吹風機和造型護髮劑，打造出絕佳的空氣感捲髮吧！這個方法適合頭髮不重的短髮和中長髮，就算沒去髮廊燙頭髮，也能擁有柔美輕盈的髮型。

抓著髮尾，朝各種方向揉捻。

3 使用少量的髮蠟，抓著髮尾，作出躍動感

指腹沾取少量的髮蠟，在髮尾上隨機塗抹，並作出蓬鬆躍動的感覺。

\ FINISH /

輕盈蓬鬆，自然而然帶出高雅賢淑的氣質

強調髮尾翹起的躍動感，以輕飄蓬鬆的造型呈現出成熟女人味。自然的捲髮同時也帶來了優雅高尚的印象。

隨著年齡漸長，頭髮需要做哪些保養？

QUESTION

CARE.1

受到強烈的日照，不只毛髮，連頭皮都會被曬傷！請務必做好對抗紫外線的養護工作。

頭髮和皮膚一樣，盡量不要直曬

許多人平常會在意皮膚被曬黑，進行防曬工作時卻往往忽略了頭髮。其實紫外線對頭髮而言也是一個大敵，會使頭髮變得過於乾燥，並造成傷害。在日照強烈的夏天，請務必保護頭髮，避免陽光直射。建議撐傘，或使用頭髮專用的防曬噴霧。到戶外活動時若曝曬在陽光下，請盡快使用護髮產品來保養頭髮。

CARE.2

就算發現白頭髮也不可拔除！

當頭髮混雜了些許白髮時，總會讓人忍不住想拔掉。但是，絕對不可以拔頭髮喔！大部分已長出白髮的毛根，下次也會再生出白髮，不斷拔白髮只會讓毛根愈來愈虛弱，最後甚至長不出頭髮。如果白髮不多，請利用市售的白髮遮瑕粉餅，或使用快速染髮筆。

CARE.3

經常變換頭髮分線，有助維持豐盈的髮量感

頭髮分線上的頭髮幾乎不會變少，但是如果每次都朝著同樣的方向分邊，髮根就會產生慣性，容易躺平，導致看起來頭髮扁塌。如果在意髮量看起來不多，就請常常變換頭髮分線，讓頭髮變得比較容易蓬鬆，整張臉的表情和神韻也會有所變化（作法請參照P.31）。

加強保養，預防頭髮和頭皮受到傷害

隨著年齡增加，頭髮會變得比較容易乾燥，且會變細、沒有彈性。如果想要保有一頭健康的頭髮，就必須做好保養工作，避免頭髮受到各種外來刺激。早點開始做保養，比較容易維持頭髮的光滑與亮麗。

CARE.4

〔髮蠟或護髮乳等造型護髮劑的使用方法〕

1

徒手沾取少量造型護髮劑，雙手合十搓揉推散開來，直到連指縫間都有護髮劑。

2

以手掌和手指整理頭髮，以髮尾為主，抹上造型護髮劑。切記！不要抹到髮根附近。

3

最後輕輕捏起髮尾，將指頭上的造型護髮劑塗抹上去。雖然髮根沒有塗到護髮劑，也能完成蓬鬆輕盈的髮型。

作造型時，千萬要注意「避免堵塞毛孔」

微血管遍布頭皮，負責輸送養分給頭髮，所以只要頭皮的血液循環良好，基本上就能培育出健康有光澤的頭髮。

雖然保養頭皮和頭髮很重要，但在那之前要先叮嚀自己，千萬要預防毛孔堵塞。當髮量看起來又少又扁塌的時候，很多人往往會著重在髮根處塗抹造型護髮劑，可是，一旦護髮產品殘留在頭皮上，就會變成堵塞毛孔的原因。

使用髮蠟等造型護髮劑時，請按照本專欄所說的以髮尾為塗抹重點。塗抹造型護髮劑之後，請務必按照P.20至P.21的方法確實清洗，不要殘留。

TECHNIQUE 1

CHANGE!

局部式假髮應用

一點小變化就能更時髦

如果你覺得自己的髮型一成不變，想挑戰新髮型，建議試試「局部式假髮」。所謂的局部式假髮就是只別在頭頂或瀏海等特定區域的假髮。戴假髮不只適用於髮量稀疏或在意髮際線不美觀的年長者，在年輕族群中，想要享受時髦髮型時，也很常使用假髮來作造型。由於局部式假髮是別在自己的頭髮上，因此原則上要配合自己的髮色來挑選，也可配合用途，到店家請人剪出自己想要的長短、造型。本單元將介紹四種局部式假髮。

只要戴上瀏海髮片，就能立即改變造型！方便好用就是魅力。

TECHNIQUE

頭頂補髮片

推薦給想要增加頭頂髮量的你

頭髮少，或因為頭髮韌性＆彈力低下而導致髮量變少，可以使用這種假髮。這種補髮片還可用來隱藏髮根處的白頭髮唷！

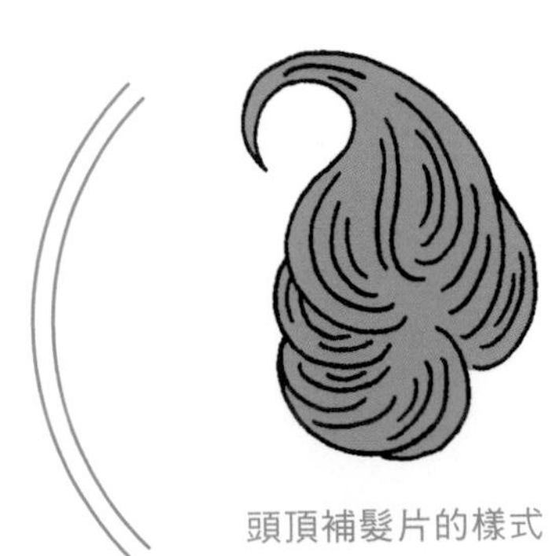

頭頂補髮片的樣式

BEFORE

〔配戴方法〕

把假髮放在頭頂的位置，以髮夾固定。將真髮與假髮混在一起就完成了。

AFTER

原本扁塌的頭頂
變成髮量豐盈

原本頭頂扁塌沒有精神，使用補髮片後變得蓬鬆豐盈，給人一種開朗、年輕的印象！

TECHNIQUE

造型接髮片

接在自己頭髮上，一下子就變長髮

希望後頸飄逸著長髮，可以使用接髮片來增加頭髮長度。對於短髮、中長髮的人而言，有了接髮片，輕輕鬆鬆就能擁有浪漫長髮。

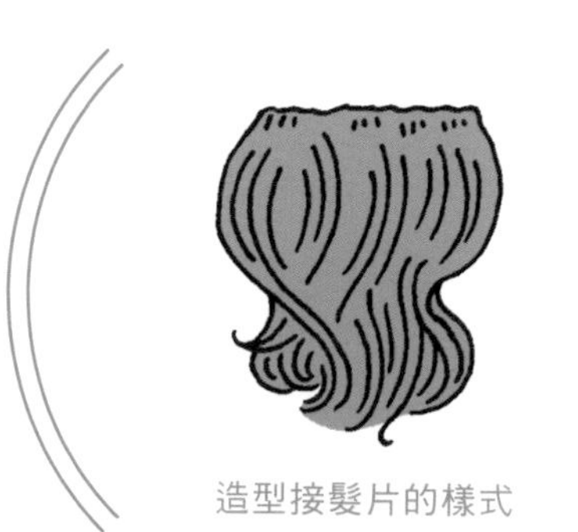

造型接髮片的樣式

BEFORE

〔配戴方法〕

1

撩起耳朵上方的頭髮，裝上接髮片，同時要留意左右平衡感。

2

兩邊都以髮夾固定，然後蓋上自己的頭髮，隱藏假髮的前端。

AFTER

原本的直短髮
瞬間變成
自然蓬鬆的捲長髮

從原本的短髮變成自然感十足的長髮。「將頭髮留長很辛苦，但偶爾還是想要享受一下長頭髮的感覺。」有了接髮片，你絕對可以實現如此任性的願望！

TECHNIQUE

瀏海髮片

可以修剪成喜歡的長度

如果平常瀏海很長，戴這種瀏海髮片就能立刻展現出異於平常的造型。對於瀏海少而希望髮量感增多的人而言，這種髮片也很有效果。

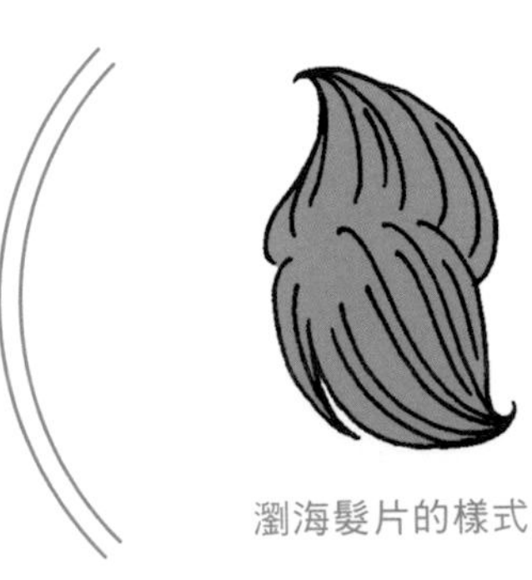

瀏海髮片的樣式

BEFORE

〔配戴方法〕

1

如果把長瀏海整個垂放會遮住臉，因此要先將原本的瀏海旁分，並以髮夾固定。

2

確認要補上瀏海髮片的位置後，將髮片戴在頭頂上，以髮夾固定。

AFTER

放下瀏海後，
表情變得俏皮可愛

平常走成熟的氣質路線，在額頭垂下瀏海後，表情立刻就變得年輕可愛。本範例搭配瀏海造型，將側邊頭髮也吹整出飄逸的律動感。

TECHNIQUE

造型髮條

將短髮改造成馬尾風格

想要綁個馬尾，可是頭髮長度不足，這時候就可以使用造型髮條。穿和服或正式場合需要呈現綁髮造型時，有了髮條就很方便。

造型髮條的樣式

BEFORE

BACK STYLE

〔配戴方法〕

1

把後頸的頭髮綁成一束，以橡皮筋固定。沒辦法以橡皮筋固定的頭髮，就以髮夾貼著頭皮壓住。

2

將造型髮條的一端固定在橡皮筋的位置上，依照自己的喜好將假髮盤成一圈，再以髮夾固定。

AFTER

短髮變長了，側臉帶有女性的柔美印象

只有在後頸處留有長髮的線條，能夠帶來嬌柔的印象。只要改變假髮垂掛的長度，就能玩出多樣化的髮條造型。

TECHNIQUE

CHANGE!!

8

全頂式假髮配搭課

輕輕鬆鬆改變形象

為了能多元地嘗試時髦髮型，全頂式假髮是不錯的選擇唷！由於是直接戴在頭上的假髮，所以不論是髮長、造型、髮色，全部都可以變得和平常完全不一樣。比起到髮廊去剪、燙、染，有了全頂式假髮這個好用道具，隨時都能輕鬆變身，讓你大玩時尚造型。本單元介紹了三種不同長度的全頂式假髮，一起來見證假髮所帶來的形象大轉換。

不管是髮型還是髮色，一轉眼就會令人耳目一新！

挑選全頂式假髮的要點

全頂式假髮有分為量身打造的訂製品，以及可挑選適合自己的現成品。本單元介紹比較能夠輕鬆取得的現成品全頂式假髮，請特別留意選購方法。

POINT 

材質挑選

假髮的材質包括真人頭髮＆合成纖維。
※最近備受矚目的有穿戴方便，且外觀自然的「混合型假髮」。

種類	◎ 優點	✕ 缺點
真人頭髮	・質感自然 ・可染可燙	・易毛躁 ・容易褪色和受損
合成纖維	・會記憶形狀，不易變形 ・方便維修保養	・外觀較不自然 ・容易產生靜電
真人頭髮與合成纖維混合	・同時擁有兩種材質的優點	・品質差異性大

POINT 

決定長度和顏色，且要符合頭部尺寸

首先決定假髮的髮長和髮色。選假髮的時候務必要試戴，確認尺寸是否合乎自己的頭顱大小。

POINT 

修剪

在戴著假髮的狀態下修剪假髮，打造出自己喜歡的髮型。

POINT 

可改變造型

全頂式假髮可修剪也可染燙，因此可試著變換造型。

POINT 

保養

除了使用專用洗髮精進行清洗之外，也要細心修護。洗過後要避免陽光直射，請放在陰涼處自然乾燥。

TECHNIQUE

及肩長髮變露耳短髮

不必剪真髮也能享受變身樂趣

不想剪去真的頭髮，卻還是想要享受留短髮的感覺，這種情況下，我推薦使用這頂短髮造型的假髮。戴上之後，再剪成適合自己的髮型吧！

BEFORE

AFTER

全頂式假髮的配戴方法

一般的假髮專賣網都會有教學介紹，通常購買全頂式假髮時包裝中大多也會附有使用說明。網子要從髮際線開始罩住整個頭，將所有的真髮全部塞進網子裡，如此一來全頂式假髮就能自然地罩住頭部。詳細的配戴方法可在購買時請店家說明。

加深髮色，作出婀娜多姿的短髮造型

瀏海和頭頂的髮量都很豐盈，這是目前流行的短髮造型。因為是假髮，所以不必擔心日後頭髮變長會破壞造型，比起把真髮剪短，這樣的變身方式真是輕鬆！

TECHNIQUE

過肩長髮變鮑伯頭

長度改變了，連氣質都變了

帶有輕盈空氣感的鮑伯頭大受好評！如果以吹風機吹整，還可改造成直髮風鮑伯頭，讓造型變得更加多元。

BEFORE

AFTER

從直髮變成鬆緩的捲髮，表情也變得柔和

鮑伯頭造型假髮的顏色比真髮來得素雅，因為髮色、長度和瀏海的變化，營造出可愛的氣質。

TECHNIQUE

短髮變長髮

以豪華的長髮大膽變身！

不少女性朋友長期憧憬著擁有一頭長髮。現在，只要戴上全頂式假髮，短髮的你也能立即享受長髮飄逸的美好。

BEFORE

AFTER

令人驚訝不已的大變身！

俐落短髮變成帶有波浪捲的華麗長髮，大膽地改變形象。配合假髮造型，作出和平常不一樣的時尚髮型，這也是變身的樂趣所在！

國家圖書館出版品預行編目(CIP)資料

塑造自己想要的髮型！解決煩惱．頭髮養護造型術 / 野沢道生作；黃盈琪譯. -- 初版. -- 新北市：養沛文化館出版：雅書堂文化發行，2018.12
面； 公分. -- (SMART LIVING養身健康觀；119)
譯自：悩み解決スタイリング術：思いどおりの髪形に！
ISBN 978-986-5665-66-1(平裝)
1.美髮 2.髮型
425.5 107021118

SMART LIVING養身健康觀 119

塑造自己想要的髮型！
解決煩惱‧頭髮養護造型術

作　　者／野沢道生
翻　　譯／黃盈琪
發 行 人／詹慶和
總 編 輯／蔡麗玲
執行編輯／李宛真
編　　輯／蔡毓玲・劉蕙寧・黃璟安・陳姿伶・陳昕儀
執行美術／韓欣恬
美術編輯／陳麗娜・周盈汝
內頁排版／鯨魚工作室
出 版 者／養沛文化館
發 行 者／雅書堂文化事業有限公司
郵政劃撥帳號／18225950
戶　　名／雅書堂文化事業有限公司
地　　址／新北市板橋區板新路206號3樓
電子信箱／elegant.books@msa.hinet.net
電　　話／(02)8952-4078
傳　　真／(02)8952-4084

2018年12月初版一刷　　定價 280元

OMOIDORI NO KAMIGATA NI! NAYAMI KAIKETSU STYLING JUTSU lectured by Michio Nozawa

Original Japanese edition published by NHK Publishing, Inc.

This Traditional Chinese edition is published by arrangement with NHK Publishing, Inc., Tokyo in care of Tuttle-Mori Agency, Inc., Tokyo through Keio Cultural Enterprise Co., Ltd., New Taipei City.

經銷／易可數位行銷股份有限公司
地址／新北市新店區寶橋路235巷6弄3號5樓
電話／(02)8911-0825　傳真／(02)8911-0801

STAFF

髮型造型師　野沢道生
　　　　　　井上貴美子
設計師　北田進吾（キタダデザイン）
　　　　野本奈保子（ノモグラム）
　　　　堀 由佳里
　　　　佐藤江理（キタダデザイン）
攝影　下村しのぶ
插圖　別府麻衣
化妝　AKI
造型師　須田遥華
模特兒　ANNIE（AMAZONE）
　　　　小林美季、内藤亜弥、関口百合子
編輯協力　江口知子
攝影協力　Michio Nozawa HAIR SALON Ginza
　　　　　株式会社アデランス